MÉMOIRE

SUR

LE LIGNEUX

ET SUR

QUELQUES PRODUITS QUI LUI SONT ISOMÈRES,

(PAPYRINE, PECTINE, ETC.)

PAR

MM. J.-A. POUMARÈDE ET L. FIGUIER.

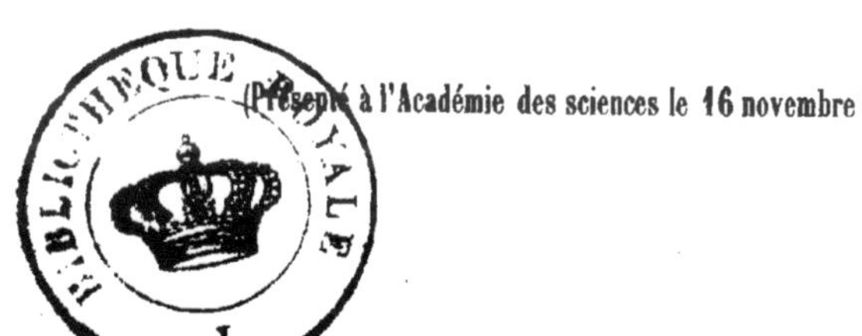

(Présenté à l'Académie des sciences le 16 novembre 1846.)

Extrait de la Revue scientifique et industrielle
DU DOCTEUR QUESNEVILLE.

PARIS
IMPRIMERIE DE L. MARTINET,
RUE JACOB, 30.

1847.

MÉMOIRE

SUR

LE LIGNEUX

ET SUR

QUELQUES PRODUITS QUI LUI SONT ISOMÈRES,

(PAPYRINE, PECTINE, ETC.)

La chimie organique n'était encore qu'à son début que déjà l'on avait compris tout l'intérêt que présente l'étude du squelette des plantes, cette partie essentielle du végétal, qui joue un si grand rôle dans les phénomènes physiologiques, et que les arts et l'économie emploient sous tant de formes. Bien qu'on ne l'eût pas encore soumis à l'analyse et qu'on ne l'eût obtenu que dans un état de pureté fort douteux, on l'avait cependant instinctivement considéré déjà comme un produit toujours identique dans sa nature. Fourcroy, qui le décrivit le premier sous le nom de *ligneux*, le rangea dans la classe des principes immédiats végétaux.

Dès les premiers essais d'analyse élémentaire, les chimistes les plus habiles portèrent leur attention sur le ligneux. MM. Gay-Lussac, Thénard, Proust, Petersen, Schloser, etc., le soumirent successivement à l'analyse. Malheureusement la plupart de ces savants opéraient sur des matières fort impures, et les résultats qu'ils firent connaître apprirent peu de chose sur sa véritable composition et sur sa nature immédiate. La question en était à ce point lorsque dans ces derniers temps, par une série de travaux bien connus, M. Payen est venu jeter le plus grand jour sur la nature de ce produit. D'après ce chimiste, le ligneux, qu'il désigne sous le nom de *cellulose*, offre une composition identique chez tous les végétaux et dans toutes leurs parties, quel que soit leur état physiologique ; il représente cette composition, d'après la moyenne d'un grand nombre d'analyses, par les nombres suivants :

Carbone,	44,8 (1)
Hydrogène,	6,2
Oxigène,	49,0

M. Payen a avancé de plus que le ligneux se trouve accompagné dans les bois par des produits particuliers solubles dans les alcalis caustiques, à une température élevée, plus riches en charbon que le ligneux lui-même, et qu'il désigne sous le nom de *matières incrustantes*. Par l'existence dans les bois de ces produits très carbonés, il a pu facilement expliquer l'excès de carbone que présentaient toutes les anciennes analyses du ligneux.

L'indication sommaire des travaux de M. Payen semble démontrer qu'il restait peu de chose à faire pour compléter l'histoire chimique du tissu des plantes. Aussi est-il probable que nous ne serions point revenus sur ce sujet si nous n'avions eu l'occasion de constater depuis longtemps dans une foule de végétaux la présence d'une matière gélatiniforme soluble dans les alcalis, dont M. Payen n'a point parlé, et qui nous paraît devoir jouer un rôle important dans les phénomènes de la végétation. En conséquence, nous nous sommes proposé d'isoler de plusieurs plantes et d'étudier avec soin cette matière gélatineuse que M. Payen a dû confondre avec ses matières incrustantes, et de reconnaître si sa composition avait quelque analogie avec celle du ligneux. Mais pour procéder avec méthode, nous avons cru, avant tout, devoir soumettre à l'analyse quelques ligneux d'origines diverses, que nous avons réussi à isoler de certains bois dont l'épuration était encore restée à l'état de problème.

LIGNEUX.

Avant de soumettre à l'analyse des ligneux empruntés à diverses sources, nous avons cru devoir arrêter nos idées sur quelque caractère chimique bien tranché qui pût nous servir d'indice de pureté de nos produits. M. Payen a trouvé une garantie de la pureté de ses ligneux en s'adressant à certains états physiologiques des plantes. Il a fait porter ses analyses sur des ligneux qu'il avait choisis avec beaucoup de sagacité, dans certaines parties des fleurs et dans

(1) C = 76,44.

divers organes fournis par le développement rapide de jeunes végétaux. Il nous a semblé plus commode et plus sûr de pouvoir constater par un caractère chimique certain, le degré de pureté de nos matières, afin de substituer, s'il était possible, à une donnée purement physiologique une donnée chimique irrécusable.

Ce caractère de pureté, nous l'avons trouvé dans l'action qu'exerce l'acide sulfurique concentré sur le ligneux. Tout le monde sait que le bois et la plupart des tissus végétaux plongés dans l'acide sulfurique concentré, noircissent aussitôt; mais il est facile de reconnaître que si la fibre ligneuse a été soumise préalablement aux traitements nécessaires pour la débarrasser de tous les produits étrangers, elle n'éprouve dans cette circonstance aucune modification dans son aspect. Ainsi, toutes les substances qui nous présentent le ligneux à un état de pureté à peu près complet, telles que le papier joseph, les étoffes végétales usées, etc., peuvent être plongées dans l'acide sulfurique sans s'y colorer en aucune manière. Pour peu que l'épuration de ces ligneux ait été incomplète, le produit noircit immédiatement. Tel est le caractère simple et sûr que nous avons toujours invoqué pour constater la pureté de nos produits avant de les soumettre à l'analyse. Voici maintenant avec quelques détails le procédé que nous avons suivi pour extraire le ligneux pur de toute espèce de bois.

On râpe un morceau de bois transversalement avec une lime à bouchons, de manière à le diviser en fibres allongées assez déliées; on met ces fibres en contact avec de la lessive des savonniers. Après vingt-quatre heures on étend le mélange d'une ou deux fois son poids d'eau pour pouvoir décanter, on lave à grande eau, on sature l'alcali qui se trouve engagé dans le tissu, par un léger excès d'acide chlorhydrique, et on lave encore. Après ce premier traitement, on verse sur les fibres ligneuses un grand excès de dissolution de chlorure de soude. Après deux ou trois jours de contact, pendant lesquels on a dû agiter le mélange et renouveler au moins une fois la liqueur chlorurée, on décante cette dernière, on lave et on verse sur le ligneux une liqueur alcaline faible, qu'on renouvelle jusqu'à ce qu'elle n'enlève plus à ce dernier aucune trace de matière colorante. On lave de nouveau et on sature encore l'alcali engagé dans le ligneux par un léger excès d'acide chlorhydrique, et après environ une heure de contact dans cette dernière liqueur faiblement acide, on lave à l'eau distillée jusqu'à ce que les eaux de lavage ne rougissent plus le papier de tournesol. Le produit est ensuite étendu sur un tamis et séché au soleil ou à l'étuve.

Ainsi obtenu après avoir été lavé à l'alcool et à l'éther, le ligneux ne se colore plus par l'action de l'acide sulfurique concentré, et doit être considéré comme absolument pur. Il est blanc et soyeux, et jouit d'une texture organique tout à fait semblable à celle du bois qui l'a produit. Des fibres ligneuses, soumises au traitement qui précède, et des fibres non épurées, et telles que la lime les détache du bois, examinées comparativement, ne présentent, à part la couleur et la densité, aucune différence visible, de telle sorte qu'en soumettant à l'analyse un produit ainsi préparé, on est autorisé à croire que l'on opère sur le squelette végétal tel qu'il existe dans les plantes. Nous conserverons à ce produit le nom de ligneux, attendu que ce nom semble bien exprimer à la fois son origine et ses propriétés, et qu'il permet d'ailleurs d'éviter toute confusion.

Disons tout de suite que les nombres qui résultent de nos analyses ne diffèrent que très peu de ceux qu'a établis M. Payen. Nous croyons nécessaire cependant de présenter ici le tableau de nos résultats en raison de l'accord très satisfaisant qu'ils ont offert pour les ligneux d'origines très éloignées. On peut remarquer, en effet, dans toutes les analyses de ce genre, que la science possède aujourd'hui des résultats assez peu concordants et qui offrent des différences très sensibles, non seulement pour les ligneux d'origines différentes, mais souvent aussi pour les produits empruntés aux mêmes sources. On peut dire que jusqu'ici l'uniformité de composition chimique du ligneux, dans ses divers états, avait été plutôt admise que rigoureusement démontrée.

TABLEAU DES ANALYSES DU LIGNEUX.

Ligneux du peuplier séché à 120°.

I.

Matière,	0,572	ce qui donne :	Carbone,	0,249	ou en cent.	43,53
Acide carb.	0,916	— —	Hydrogène,	0,0358	—	6,25
Eau,	0,323	— —	Oxigène,	»	—	50,22
						100,00

II.

Matière,	0,6126	ce qui donne :	Carbone,	0,2689	ou en cent.	43,79
Acide carb.	0,986	— —	Hydrogène,	0,039	—	6,36
Eau.	0,355	— —	Oxigène.	»	—	49,85
						100,00

III.

Matière,	0,388	ce qui donne :	Carbone,	0,172	ou en cent. 44,32
Acide carb.	0,633	— —	Hydrogène,	0,0236	— 6,08
Eau,	0,213	— —	Oxigène,	»	— 49,60
					100,00

Ligneux du hêtre séché à 120°.

Matière,	0,675	ce qui donne :	Carbone,	0,296	ou en cent. 43,85
Acide carb.	1,087	— —	Hydrogène,	0,042	— 6,22
Eau,	0,378	— —	Oxigène,	»	— 49,93
					100,00

Papier joseph traité par les dissolvants acides et alcalins, l'eau et l'alcool, séché à 120° (1).

I.

Matière,	0,392	ce qui donne :	Carbone,	0,172	ou en cent. 43,87
Acide carb.	0,631	— —	Hydrogène,	0,024	— 6,12
Eau,	0,220	— —	Oxigène,	»	— 50,01
					100,00

II.

Matière,	0,707	ce qui donne :	Carbone,	0,310	ou en cent. 43,84
Acide carb.	1,138	— —	Hydrogène,	0,044	— 6,22
Eau,	0,398	— —	Oxigène,	»	— 49,94
					100,00

Écorce de bambou.

Matière,	0,360	ce qui donne :	Carbone,	0,157	ou en cent. 43,61
Acide carb.	0,578	— —	Hydrogène,	0,022	— 6,11
Eau,	0,201	— —	Oxigène,	»	— 50,28
					100,00

(1) Le ligneux du papier n'a pas besoin d'être soumis aux opérations indiquées ci-dessus, attendu que les arts lui ont fait subir un traitement analogue.

Coton (*tissu de coton traité seulement par l'eau bouillante, l'acide chlorhydrique et la potasse étendus à froid*).

I.

Matière,	0,658	ce qui donne :	Carbone,	0,286	ou en cent.	43,46
Acide carb.	1,049	— —	Hydrogène,	0,042	—	6,38
Eau,	0,379	— —	Oxigène,	»	—	50,16
						100,00

II.

Matière,	0,777	ce qui donne :	Carbone,	0,335	ou en cent.	43,11
Acide carb.	1,229	— —	Hydrogène,	0,050	—	6,43
Eau,	0,457	— —	Oxigène,	»	—	50,46
						100,00

Lin (*tissu de batiste traité comme le coton*).

I.

Matière,	0,560	ce qui donne :	Carbone,	0,246	ou en cent.	43,92
Acide carb.	0,902	— —	Hydrogène,	0,033	—	6,01
Eau,	0,304	— —	Oxigène,	»	—	50,07
						100,00

II.

Matière,	0,390	ce qui donne :	Carbone,	0,169	ou en cent.	43,33
Acide carb.	0,620	— —	Hydrogène,	0,025	—	6,41
Eau,	0,229	— —	Oxigène,	»	—	50,26
						100,00

PAPYRINE.

Nous avons indiqué plus haut l'action qu'exerce l'acide sulfurique concentré sur le ligneux comme pouvant servir à reconnaître avec certitude la pureté de ce produit. En examinant de plus près cette action, nous avons été amenés à découvrir une substance nouvelle qui constitue une modification très curieuse des tissus ligneux. C'est le résultat de la première action de l'acide sulfurique sur le ligneux ou le produit qui prend naissance avant sa transformation en dextrine.

Si l'on plonge pendant une demi-minute au plus du papier joseph dans l'acide sulfurique monohydraté, qu'on le lave aussitôt dans une grande quantité d'eau pour arrêter l'action de l'acide, et qu'on l'abandonne ensuite quelques instants dans de l'eau contenant quelques gouttes d'ammoniaque, on obtient une substance qui présente tous les caractères physiques d'une membrane animale. Humectée d'eau, elle donne au toucher l'impression molle et grasse des membranes animales ramollies dans l'eau; desséchée, elle présente l'aspect physique et la rigidité du parchemin. Elle jouit enfin, lorsqu'elle est lissée à la manière du papier, d'une assez grande transparence (1).

M. Schonbein a annoncé récemment la découverte d'une modification particulière des tissus ligneux, dont il s'est réservé le secret. Il est très probable, d'après la description qui en a été donnée, que ce n'est pas autre chose que la substance que nous mettons sous les yeux de l'Académie. Au moins, s'il n'y a pas identité complète, peut-on affirmer d'avance que le produit signalé par M. Schonbein est obtenu par le même procédé, c'est-à-dire par l'immersion d'un ligneux d'une espèce particulière dans l'acide sulfurique concentré.

L'industrie tirera probablement un parti avantageux de cette nouvelle substance.

L'analyse a démontré l'identité de composition chimique de ce produit, que nous appelons *Papyrine*, avec le ligneux. L'acide sulfuque, en agissant sur lui, le fait passer à un état isomérique nouveau; l'action est donc toute semblable à celle qui se produit dans sa conversion en dextrine.

C'est ce qui résulte des analyses suivantes :

I.

Matière,	0,695	ce qui donne :	Carbone,	0,301	ou en cent.	43,30
Acide carb.	1,105	— —	Hydrogène,	0,043	—	6,28
Eau,	0,393	— —	Oxigène,	»	—	50,42
						100,00

(1) Il y a plus de quatre ans que nous avons découvert ce produit. A cette époque, nous l'avons présenté à quelques chimistes, et nous avons décrit sa préparation dans une société savante.

II.

Matière,	0,590	ce qui donne :	Carbone,	0,259	ou en cent.	43,89
Acide carb.	0,951	— —	Hydrogène,	0,037	—	6,27
Eau,	0,034	— —	Oxigène,	»	—	49,84
						100,00

III.

Matière,	0,545	ce qui donne :	Carbone,	0,242	ou en cent.	44,40
Acide carb.	0,890	— —	Hydrogène,	0,034	—	6,23
Eau,	0,307	— —	Oxigène,	»	—	49,37
						100,00

Dans son état de pureté complet, le ligneux présente donc une résistance singulière à l'action de l'acide sulfurique, pourvu que cette action ne soit pas prolongée. Cette résistance est telle, d'ailleurs, qu'elle persiste jusque dans l'acide sulfurique porté à la température de 60°. D'un autre côté, les alcalis caustiques employés au plus haut degré de concentration n'exercent sur lui aucune action sensible à froid, comme nous l'avons déjà indiqué. Enfin, nous nous sommes assurés que le chlore et les chlorures alcalins, mis à froid en contact avec lui pendant vingt-quatre heures, changent très peu son poids. Cette inaltérabilité singulière du ligneux, cette résistance énergique qu'il oppose à l'influence des agents chimiques qui, dans les mêmes circonstances, modifieraient si profondément la plupart des autres substances végétales, se trouve intimement liée avec la nature de ses fonctions physiologiques. Pour résister à l'action des liquides de toute espèce qui doivent agir sur le ligneux durant les phases diverses de la végétation, pour ne pas s'altérer sous l'influence des produits de nature si variable qui doivent se trouver en contact avec lui au sein des vaisseaux de la plante, il fallait que la substance qui constitue la trame de ces vaisseaux fût douée à un haut degré de la propriété de résister avec énergie à l'action de ces causes diverses d'altération. Fourcroy semble avoir eu la conscience de ce fait remarquable lorsqu'il signale le ligneux comme « la matière la plus fortement liée dans sa composition intime, la plus inaltérable, la plus permanente de toutes celles qui se forment dans les plantes. »

MATIÈRE GÉLATINEUSE DES BOIS.

Exposons maintenant les résultats de nos essais sur la matière gélatiniforme soluble dans les alcalis dont nous avons déjà indiqué l'existence dans tous les tissus végétaux, et que nous avons signalée comme devant jouer un rôle important dans les phénomènes de la vie végétale.

Pour isoler des bois les divers produits qui accompagnent le ligneux, au lieu de les soumettre à l'action des liqueurs alcalines à des températures assez élevées, comme l'a fait M. Payen, nous nous sommes bornés, comme on a dû le remarquer dans la préparation du ligneux, à les laver à l'eau froide et à l'eau bouillante, et à les abandonner pendant vingt-quatre heures en contact à froid avec la lessive des savonniers. C'est de cette liqueur, que nous savons n'avoir aucune action sur le ligneux lui-même, que nous avons retiré la matière gélatiniforme.

La liqueur alcaline a été étendue, décantée avec soin et saturée par l'acide chlorhydrique. Sous l'influence du chlorure de sodium formé, la matière gélatiniforme s'est facilement déposée. Après avoir été lavée à l'eau distillée, elle a été redissoute dans la soude faible. La liqueur filtrée a été précipitée de nouveau par l'acide chlorhydrique avec addition d'alcool, et ensuite épuisée par l'alcool et l'éther et séchée. Enfin, on l'a redissoute dans de l'eau faiblement ammoniacale précipitée par l'acide acétique et l'alcool, et épuisée enfin une dernière fois par l'alcool et l'éther (1).

La matière ainsi obtenue a été soumise à l'analyse élémentaire après que l'on a eu constaté l'absence de l'azote dans sa composition. Elle a donné les résultats suivants :

Matière gélatiniforme retirée du bois de peuplier, séchée à 120°.

I.

Matière,	0,490	ce qui donne :	Carbone,	0,215	ou en cent.	43,87
Acide carb.	0,790	— —	Hydrogène,	0,031	—	6,32
Eau,	0,280	— —	Oxigène,	0,244	—	49,81
				0,490		100,00

(1) Ces produits, solubles dans l'alcool bouillant, nous semblent se rapprocher beaucoup des résines; ils nous semblent former ce que quelques pharmacologues ont désigné sous le nom de sucs propres. Les alcalis ne les enlèvent facilement aux bois que tout autant qu'ils ont été profondément modifiés, par le chlore ou les chlorures d'oxide.

II.

Matière,	0,380	ce qui donne :	Carbone,	0,164	ou en cent.	43,15
Acide carb.	0,603	— —	Hydrogène,	0,023	—	6,05
Eau,	0,215	— —	Oxigène,	0,193	—	50,80
				0,380		100,00

III.

Matière,	0,471	ce qui donne :	Carbone,	0,207	ou en cent.	43,94
Acide carb.	0,760	— —	Hydrogène,	0,029	—	6,15
Eau,	0,263	— —	Oxigène,	0,235	—	49,91
				0,471		100,00

Matière gélatiniforme retirée du bois de hêtre.

I.

Matière,	0,265	ce qui donne :	Carbone,	0,114	ou en cent.	43,01
Acide carb.	0,418	— —	Hydrogène,	0,0163	—	6,15
Eau,	0,147	— —	Oxigène,	0,1347	—	50,84
				0,2650		100,00

II.

Matière,	0,322	ce qui donne :	Carbone,	0,141	ou en cent.	43,78
Acide carb.	0,517	— —	Hydrogène,	0,0189	—	5,86
Eau,	0,171	— —	Oxigène,	0,162	—	50,36
				0,322		100,00

La conséquence de ces analyses, c'est l'identité de composition de cette matière avec le ligneux lui-même. Mais si cette matière reproduit la composition du ligneux, de l'amidon, de la dextrine, etc., il est facile de reconnaître qu'elle se sépare de ces composés par tous ses caractères. Elle se délaie dans l'eau chaude au bout d'un certain temps de digestion, de manière à produire une liqueur mucilagineuse, elle ne se colore point par l'iode. La potasse et la soude la dissolvent très aisément, et elle se sépare de cette dissolution sous l'influence des acides, en formant un précipité gélatineux qui fixe une quantité d'eau considérable et se contracte par l'alcool. Pour résumer en un mot tous ses caractères, nous dirons qu'elle présente toutes les propriétés de la pectine ou de l'acide pectique.

La composition généralement attribuée à la pectine isolée des fruits ou des racines différant très sensiblement de celle que nous avons assignée à notre matière gélatiniforme, nous avons été ainsi forcément amenés à revenir sur les anciennes analyses de la pectine, On nous pardonnera, en raison de l'importance de ce dernier sujet, de le traiter avec quelques détails.

PECTINE (1).

Il y a plus de vingt ans que M. Braconnot a indiqué, dans un grand nombre de fruits, la présence d'une matière qu'il a appelée *pectine*, et que M. Guibourt avait déjà retirée de la groseille, et désignée sous le nom de *grossuline*.

Parmi les caractères que M. Braconnot a assignés à ce produit, il en est un qui n'a jamais permis de le confondre avec quelques autres matières qui ont de l'analogie avec lui, et qui, dans ces dernières années, a fixé vivement l'attention des chimistes. Nous voulons parler de la propriété qu'on lui attribue généralement de se transformer, sous l'influence des alcalis, en un produit insoluble dans l'eau à réaction acide, l'acide pectique, que le même chimiste a admis plus tard tout formé dans les racines et les tiges.

Ce produit ou ces produits avaient été un peu perdus de vue, lorsque des considérations ingénieuses, émises successivement par M. Thénard et M. Dumas, dans leurs ouvrages, sur la transformation de la pectine en acide pectique, ont de nouveau engagé les chimistes à reprendre leur étude.

M. Regnault, le premier, a cherché à déterminer la capacité de saturation et la composition de l'acide pectique; il a représenté cette dernière par les nombres suivants :

Carbone,	43,21
Hydrogène,	4,71
Oxigène,	52,08

M. Mulder, dans un mémoire imprimé presque en même temps que celui de M. Regnault, et sur lequel nous aurons occasion de revenir, a cherché à démontrer, entre autres choses, que la pectine est un sel alcalin à composition définie, dont l'élément négatif est l'acide pectique.

(1) Les faits et les analyses qui vont être rapportés dans cette seconde partie de notre mémoire ont été déposés en juillet 1840 à l'Académie des sciences dans un paquet cacheté qui a été ouvert en décembre de la même année.

Quelque temps après, en 1840, dans un mémoire ayant pour titre : *Faits pour servir à l'histoire chimique du tissu végétal*, nous avons montré que l'on peut isoler la pectine d'une foule de tissus, et constaté qu'elle constitue presque à elle seule l'endocarpe de certains fruits, nous avons de plus considéré cette matière comme un tissu organisé, qui, dans les végétaux, constitue le ligneux à l'état rudimentaire, à l'état de cambium, qui n'a plus qu'à durcir, qu'à se solidifier pour passer à l'état ligneux proprement dit. Nous avons admis également à cette époque que l'acide pectique n'existe pas tout formé dans les plantes, et que c'est toujours un produit de réaction (1).

Depuis cette époque, la pectine et l'acide pectique ont été l'objet de travaux étendus ; d'abord de la part de M. Fremy, et plus tard de la part de M. Chodnew ; ce dernier, nous parait être celui qui a soumis à l'analyse le produit qui se rapproche le plus de la pectine normale. Dans les développements qui vont suivre, nous aurons occasion de revenir sur quelques points des travaux de ces chimistes. Enfin, pour ne rien omettre sur l'historique de cette question, nous ajouterons que M. Gerhardt, guidé par des considérations théoriques qui lui sont propres, a admis, comme nous, que la pectine est une variété de ligneux, *une substance organisatrice*, dont la composition doit par conséquent être représentée par de l'eau et du charbon.

Commençons par indiquer le procédé à l'aide duquel nous avons obtenu cette matière dans un état de pureté convenable, et n'ayant encore que faiblement subi une altération, qu'il est impossible de prévenir complétement, et que nous aurons occasion de signaler.

Parmi les substances nombreuses dont on peut extraire la pectine, la racine de gentiane est une de celles qui permettent de la préparer avec le plus de facilité. Cette racine, préalablement divisée, et lavée à l'eau froide, est d'abord tenue en digestion dans l'eau pendant environ une heure, c'est-à-dire jusqu'à ce qu'elle soit convenablement pénétrée et ramollie ; elle est ensuite malaxée

(1) *Comptes-rendus de l'Académie des sciences*, 2e semestre 1840. Ce mémoire, après avoir été communiqué à plusieurs sociétés savantes, n'a été, par le fait d'un rédacteur de journal, publié que par fragments. Un extrait de 4 ou 5 pages en est cependant resté dans les archives de l'Académie des sciences.

et lavée à grande eau sur un tamis. Après avoir été ainsi épuisée par l'eau, elle est épuisée d'une manière tout à fait semblable par l'acide acétique très dilué, puis malaxée de nouveau et lavée. C'est de cette racine ou de cette fibre ligneuse, devenue blanche et molle par ce traitement préliminaire, que l'on extrait la pectine. Pour cela, on la fait digérer pendant une demi-heure ou trois quarts d'heure à une température de 80 à 90°, dans de l'eau distillée, faiblement aiguisée d'acide hydrochlorique ; on jette ensuite le tout sur un linge, on exprime et on abandonne le liquide quelque temps au repos. La liqueur, devenue claire, est décantée, puis traitée par un tiers environ de son volume d'alcool à 36°, qui en précipite la pectine sous la forme d'une gelée tenace et membraniforme, qu'on exprime comme une éponge dans un linge fin. Cette matière, lavée et agitée dans l'alcool à 36°, exprimée dans un linge fin, et comprimée entre des doubles de papier joseph, est redissoute dans l'eau distillée, et précipitée de nouveau, comme il vient d'être dit, enfin elle est traitée par l'éther, comprimée entre des doubles de papier, et abandonnée à l'air, où elle sèche rapidement (1).

Ce procédé exige quelques explications. La pectine, quoique soluble de sa nature, se trouve, dans les végétaux, dans un état de contraction qui ne lui permet pas de se dissoudre, soit que cet état de contraction ou d'insolubilité dans les tissus provienne, comme nous avons lieu de le croire, de la présence de quelque corps insoluble, par exemple, de l'oxalate de chaux que l'on trouve en abondance dans certaines racines, soit que cette insolubilité provienne de quelque action vitale. Toujours est-il que certains acides, et particulièrement l'acide hydrochlorique, jouissent de la propriété, à froid comme à chaud, de la ramollir et de la distendre, et permettent de l'obtenir avec ses propriétés naturelles que nous allons décrire.

La Pectine, obtenue comme on vient de l'indiquer, peut être considérée comme pure ou dans son état normal. Elle se présente sous la forme d'une matière poreuse et légère, qui possède une configuration celluleuse très prononcée : son aspect seul porte, tout de suite, à la considérer comme un tissu organisé, comme une variété de ligneux. Comme ce dernier produit, elle jouit de la propriété de résister à l'action de l'acide sulfurique le plus concentré, et de ne pas se colorer par son immersion dans ce liquide ; comme

(1) Dans notre travail de 1840 nous avons déjà décrit ce procédé.

comme lui également, elle peut être transformée en pyroxiline, par le mélange sulfuro-nitrique ordinaire.

Soumise à l'action de la chaleur, elle commence à noircir à la température de 135° à 140°, et à une température plus élevée, elle donne des produits empyreumatiques, et un charbon volumineux qui brûle difficilement. Après l'entière combustion de celui-ci, la pectine normale laisse 8 à 9 p. 0/0 d'un résidu où nous avons toujours constaté une assez forte proportion de peroxide de fer, soit à l'état libre, soit à l'état de phosphate; nous y avons rencontré en outre de la chaux, du phosphate de chaux et une très petite quantité de silice. Si on voulait la priver le plus possible de ces produits, il faudrait la redissoudre plusieurs fois, et la faire digérer chaque fois avec l'ammoniaque, saturer celle-ci, etc. Mais dans tous ces traitements elle doit subir, comme nous chercherons à le démontrer, un commencement d'altération.

Traitée par l'eau distillée, cette matière se gonfle et se dissout à la façon des gommes et des mucilages, et donne une solution limpide et incolore qui rougit très faiblement le papier de tournesol. Nous verrons bientôt que cette faible réaction acide lui est complétement étrangère lorsqu'elle n'est pas altérée.

Une foule de produits sont susceptibles de précipiter ou plutôt de contracter la pectine normale de ses dissolutions. L'alcool, le sulfate de soude, le sulfate de cuivre, les alcalis caustiques concentrés, etc., jouissent tous plus ou moins de cette propriété ; tous ces corps la déposent sous la forme de caillots tenaces, et d'autant plus compactes que leurs dissolutions sont plus concentrées. La pectine, dans ce cas, retient toujours avec avidité une certaine quantité du corps précipitant, dont il est très difficile de la débarrasser.

Si, comme l'a fait M. Braconnot, on traite une dissolution de pectine par une dissolution très diluée de soude caustique, et qu'on sature en suite celle-ci par l'acide muriatique étendu, à part la perte d'une faible partie des matières minérales qu'elle renferme, *il n'y a rien de changé dans sa nature chimique;* il n'y a pas, comme on l'admet généralement, formation de ce produit insoluble à réaction acide (l'acide pectique) ; car si, au lieu de laisser la pectine se prendre en caillots dont nous allons bientôt expliquer la formation, on ajoute à la dissolution l'alcool nécessaire pour la précipiter, et qu'on agisse ensuite comme il a été dit à sa préparation, on l'obtient avec sa solubilité ordinaire, et avec toutes ses propriétés. L'intelligence de ce fait *incontestable* exige de notre part quelques développements.

Nous avons dit que la pectine, dans son état normal, retient de 8 à 9 p. 0/0 de matières minérales ; elle renferme ces produits dans un état particulier que nous appellerons physiologique ; en cet état, les réactifs ne sauraient indiquer leur présence. Lorsqu'on vient à traiter une semblable dissolution de pectine par un alcali caustique, la chaux, l'oxide de fer passent peu à peu de l'état physiologique à l'état ordinaire ; si l'on vient ensuite à saturer cet alcali par un acide, on sature également, comme le démontrent les réactifs, les oxides en question, de telle sorte que la pectine se trouve là en présence d'oxides ou de sels qui jouissent au plus haut degré de la propriété de la contracter et de se fixer sur elle, et qui la précipitent sous la forme d'un caillot d'autant plus dense, que la quantité de ces oxides est plus grande. C'est ce produit, qu'on ne pouvait débarrasser des matières minérales qu'il renferme sans lui faire éprouver un commencement d'altération, qu'on avait désigné à tort sous le nom d'acide pectique.

Lorsqu'au contraire, comme nous l'avons dit plus haut, on ajoute de l'alcool à la liqueur, immédiatement après la saturation, il arrive, soit en raison de la rapide contraction que ce liquide fait éprouver à la pectine, soit en raison de l'action dissolvante de ce même liquide sur les chlorures qui ont pris naissance, que la fixation des matières minérales est troublée, et que cette matière se trouve contractée, ne contenant que les produits minéraux naturels qu'elle renferme encore à l'état latent ou à l'état physiologique, et qui ne font jamais obstacle à sa dissolution.

Quant à la réaction acide de la pectine, il nous sera facile de démontrer qu'elle est occasionnée par quelques traces de l'acide minéral qui a servi à la dissoudre ou à saturer ses dissolutions alcalines. La propriété dont jouissent, en général, les substances organisées, de retenir avec ténacité certains acides, et d'en dissimuler les caractères, nous faisait depuis longtemps tenir en garde contre l'action, sur le papier de tournesol, de ce prétendu acide pectique ; d'un autre côté, en voyant la nature donner dans les sucs des fruits une pectine parfaitement neutre, malgré la présence d'acides assez énergiques, nous avons été amenés à penser que tous les acides pouvaient bien ne pas être retenus par la pectine avec la même ténacité, et nous avons été ainsi conduits à remplacer, dans la saturation d'une dissolution alcaline de pectine, l'acide hydrochlorique par l'acide citrique. Il nous a été facile de voir alors, après avoir obtenu cette matière comme il a été dit, et l'avoir puri-

BIBLIOTHÈQUE ROYALE I

liée par trois dissolutions successives, qu'elle ne rougit point le papier de tournesol (1).

On voit donc qu'on s'était fait une bien fausse idée de l'action des alcalis sur la pectine, et que l'acide pectique, tel que M. Braconnot l'avait admis, et tel qu'on l'admet généralement, ne saurait exister. Nous ne voulons point dire par là que la pectine ne soit une matière éminemment altérable sous l'influence de certains agents, et que les alcalis ne la prédisposent à une altération profonde ; nous aurons occasion de démontrer, au contraire, que sous l'influence de ces agents, elle s'altère avec facilité. Toujours est-il que cette altération n'a aucun rapport avec ce qui avait été admis jusqu'à ce jour.

Indiquons, avant de faire connaître la composition de cette matière, quelques modifications que nous avons été obligés d'apporter au procédé d'analyse élémentaire ordinaire.

La pectine est d'une combustion très difficile. En outre, il est, comme on vient de le voir, à peu près impossible de l'obtenir entièrement privée de matières minérales. Or, la détermination de ces matières entache l'analyse d'une certaine erreur, par la perte inévitable de quelques produits susceptibles de se volatiliser comme les chlorures, ou d'être mécaniquement emportés avec les produits de la décomposition de la substance, telle qu'on l'exécute dans un creuset. C'est pour éviter ces deux causes d'erreurs, et pour avoir la conscience d'une combustion parfaite que nous avons exécuté l'analyse de la manière suivante.

La matière à analyser était introduite, après avoir été pesée, dans un tube de platine de 6 à 7 centimètres de longueur et d'un diamètre un peu inférieur à celui du tube à combustion. Elle se trouvait maintenue dans ce tube par deux petits tampons d'amiante bien séchée, qui en bouchaient imparfaitement les extrémités. On faisait ensuite glisser doucement ce tube dans le tube à combustion qui renfermait déjà une certaine quantité d'oxide de cuivre et un tampon d'amiante destiné, avec un autre qu'on introduisait après le tube en platine, à maintenir ce dernier dans un espace entièrement libre; après cela on remplissait le tube comme à l'ordinaire.

On commençait par chauffer à la fois l'oxide de cuivre situé en avant et l'oxide situé en arrière du tube de platine, et quand

(1) La neutralité ne se maintient toutefois que pendant un certain temps. Le contact de l'air lui fait reprendre, par une réaction qu'il nous serait difficile d'expliquer complètement, en ce moment, la propriété de rougir faiblement le papier de tournesol.

ils se trouvaient portés à une bonne chaleur rouge, on chauffait peu à peu la partie du tube contenant la matière ; les produits de la décomposition de la substance se brûlaient en passant sur l'oxide de cuivre porté au rouge. Une fois cette opération terminée, on complétait la combustion en procédant au dégagement d'oxigène fourni par le chlorate de potasse ; le courant gazeux était entretenu pendant une demi-heure. Après l'opération, le tube de platine, retiré avec précaution, retenait les cendres, et permettait d'en déterminer le poids et de reconnaître si la combustion du charbon avait été complète.

Nous avons également analysé la pectine par un procédé plus simple encore et qui présente les mêmes avantages, lorque la cendre n'est pas assez ferrugineuse pour se vitrifier et s'incruster dans le verre, ou lorsqu'on en a tenu compte par la combustion directe. Ce procédé consiste à placer la matière au milieu de l'oxide de cuivre à l'aide de deux tampons d'amiante, dans un espace du tube entièrement vide de 5 à 6 centimètres de long, et à conduire l'opération comme ci-dessus. Un morceau de clinquant mobile permet de voir, pendant le passage de l'oxigène, si la combustion est terminée.

Par ces dispositions, qui d'ailleurs abrègent sensiblement la durée de la combustion, nous croyons avoir réuni deux conditions essentielles, combustion parfaite et appréciation exacte des cendres.

Voici maintenant les résultats des analyses ainsi exécutées.

Pectine de la gentiane.

Séchée à 120°, et analysée renfermant encore les matières minérales qu'elle renferme à l'état normal.

I.

Matière,	0,526	ce qui donne :		Carbone,	43,72
Acide carbon.	0,845	—	—	Hydrogène,	5,81
Eau,	0,276	—	—	Oxigène,	50,47
					100,00

II.

Matière,	0,414	ce qui donne :		Carbone,	43,47
Acide carbon.	0,663	—	—	Hydrogène,	5,89
Eau,	0,220	—	—	Oxigène,	50,64
					100,00

III.

Matière,	0,453	ce qui donne :		Carbone,	44,37
Acide carbon.	0,739	—	—	Hydrogène,	6,07
Eau,	0,248	—	—	Oxigène,	49,56
					100,00

Pectine de la gentiane.

Séchée à 120°, et analysée après avoir été débarrassée de la plus grande partie des oxides qu'elle contient, par les alcalis et les acides.

I.

Matière,	0,381	ce qui donne :		Carbone,	43,30
Acide carbon.,	0.608	—	—	Hydrogène,	5.65
Eau,	0,194	—	—	Oxigène,	51,05
					100,00

II.

Matière,	0,546	ce qui donne :		Carbone,	43,04
Acide carbon.,	0,865	—	—	Hydrogène,	5,60
Eau,	0,276	—	—	Oxigène,	51,36
					100,00

Pectine de la carotte.

Nous avons fait quelques analyses de la pectine retirée de la racine de carotte, nous l'avons obtenue en faisant bouillir la pulpe purifiée par des lavages à l'eau et à l'acide acétique dilué, dans une dissolution étendue de cabonate de soude, saturant le produit de la décoction par l'acide muriatique et précipitant par l'alcool. La pectine, lavée et exprimée dans l'alcool à 36°, a été redissoute et traitée comme précédemment ; ainsi obtenue, elle se gonfle et se dissout tout aussi facilement que la pectine de M. Braconnot, et que celle de la racine de gentiane, et jouit des mêmes propriétés ; preuve nouvelle de la non-existence de l'acide pectique.

Séchée à 120° et analysée après avoir été débarrassée de la plus grande partie des oxides qu'elle contient, par l'action des alcalis et des acides à la température ordinaire, elle a donné les nombres suivants :

I.

Matière,	0,575	ce qui donne :	Carbone,	43,47
Acide carbon.,	0,917	— —	Hydrogène,	5,63
Eau,	0,292	— —	Oxigène,	50,90
				100,00

II.

Matière,	0,544	ce qui donne :	Carbone,	43,19
Acide carbon.,	0,863	— —	Hydrogène,	5,69
Eau,	0,279	— —	Oxigène,	51,12
				100,00

La conséquence de ces analyses, c'est la presque identité de composition chimique de la pectine et du ligneux.

On remarquera cependant dans ces analyses, si on les compare à celle du ligneux, une différence sur le chiffre de l'hydrogène, différence faible sans doute, mais à laquelle il est impossible de ne pas s'arrêter. Doit-on néanmoins rejeter l'isomérie de la pectine et du ligneux? Nous ne le pensons pas, et nous allons chercher à rendre compte du faible désaccord que nos analyses présentent à ce point de vue.

Nous croyons avoir trouvé, dans une réaction qui est particulière à la pectine, l'explication de ce fait, qui nous a longtemps préoccupés.

Si on traite une dissolution de pectine rendue très légèrement acide par un sel ferrique n'indiquant point de traces de sel ferreux, on constate immédiatement, et à froid, la réduction partielle de celui-ci et la formation d'un sel de fer intermédiaire; le cyanure rouge donne, en effet, après quelques instants de contact, un précipité bleu. L'oxigène perdu par l'oxide ferrique porte-t-il seulement son action comburante sur l'hydrogène, ou s'est-il porté à la fois sur les deux corps combustibles de la matière? C'est ce qu'il est difficile de décider *à priori*. Toujours est-il qu'on ne constate point dans cette réaction un dégagement apparent d'oxide et de carbone ou d'acide carbonique, et que si l'oxide ferrique, en formant de l'eau, donne naissance, ce qui est d'ailleurs probable, à une quantité correspondante d'un produit fixe, ce produit ayant sans doute, comme une foule d'autres matières, la propriété d'être fixé par la pectine, se trouve précipité avec elle, et ne peut, quant au carbone, altérer sensiblement les résultats de l'analyse.

Ainsi, toutes les fois que la pectine s'est trouvée en contact avec un sel ferrique, elle doit à l'analyse indiquer une perte d'hydrogène, qui peut dans certains cas être très faible, comme aussi dans d'autres être très appréciable. Or, nous savons, et nous avons eu occasion de constater souvent, que la pectine extraite des racines et des fruits, la seule qui ait indiqué aux chimistes des quantités d'hydrogène assez différentes, renferme toujours des oxides métalliques et principalement de l'oxide de fer dans un état particulier, que nous avons appelé physiologique. Nous savons également que, sous l'influence des divers agents avec lesquels on met la pectine en contact dans sa préparation, ces oxides reprennent leurs propriétés ordinaires, de telle sorte que cette matière se trouve, presque aussitôt qu'on cherche à l'isoler des tissus qui la renferment, en contact avec de l'oxide ferrique naissant. Et si l'on se rappelle avec quelle avidité l'oxide ferreux, alors surtout qu'il est en présence d'un alcali, absorbe l'oxigène de l'air, on comprendra que la pectine se trouve, pendant toute la durée du traitement auquel on la soumet, en contact avec un agent d'oxidation, qui, par un phénomène continu, doit finir par lui enlever des quantités d'hydrogène appréciables, et d'autant plus sensibles, que les traitements sont plus longs, et la température plus élevée.

La composition de la matière gélatiniforme du hêtre et du peuplier vient à l'appui de cette manière de voir. Cette matière, que nous avons désignée sous le nom de pectine, que M. Braconnot avait déjà entrevue et désignée sous le nom d'acide pectique, jouit, comme la pectine isolée des racines et des fruits, de la propriété de réduire à froid les sels ferriques. Cependant elle nous a absolument indiqué les mêmes nombres que le ligneux; mais aussi, et ce qui paraîtra naturel, nous avons eu de la peine à constater *des traces de fer* dans les 12 ou 14 p. 0/0 de cendre qu'elle donne par la combustion.

Ainsi, l'oxide ferrique est, selon nous, sinon la seule cause, du moins une de celles qui nous paraissent le plus contribuer à faire varier les résultats d'analyse de la pectine, et la présence d'une certaine quantité de ce composé dans la pectine des fruits et des racines pendant toute la durée des traitements auxquels on la soumet pour l'isoler des tissus qui la renferment, permet jusqu'à un certain point de se rendre compte des différences que présentent les analyses diverses qui en ont été faites.

Malgré la perte constante de 2 ou 3 millièmes d'hydrogène dans nos analyses de pectine des racines, nous ne pouvons donc qu'admettre une identité de composition entre cette matière et le ligneux. M. Chodnew assure d'ailleurs avoir réussi à transformer la pectine en sucre par son ébullition avec l'acide sulfurique; ce fait serait difficile à expliquer, si on admettait encore l'ancienne composition de la pectine, et si cette matière et le ligneux n'étaient point deux corps isomères.

Quoi qu'il en soit, nous rapportons les faits, les chimistes pourront prononcer sur la valeur de l'interprétation que nous leur avons accordée.

Avant de terminer ce qui a rapport à l'histoire de la pectine, nous croyons devoir dire un mot du rôle qu'elle nous paraît jouer par rapport aux matières minérales qui l'accompagnent dans les végétaux.

Le ligneux pur, obtenu par le procédé que nous avons décrit, et lorsqu'on a eu soin d'employer de l'eau distillée dans tous les traitements auxquels il a dû être soumis, a donné à la combustion une si petite quantité de résidu salin qu'on peut considérer ce dernier comme lui étant complétement étranger. Il nous a fallu brûler jusqu'à 6 grammes de produit pour obtenir 2 ou 3 milligrammes de cendres, et ces cendres peuvent très bien être attribuées à la présence, dans le ligneux, d'une très petite quantité de pectine, matière qui, comme nous le savons déjà, est toujours fort riche en produits minéraux. Nous ne pensons donc pas que ces matières entrent dans la constitution intime du squelette des plantes. Le ligneux a trop d'affinité pour les bases terreuses, et il est trop difficile de l'en débarrasser, lorsqu'on lui en laisse absorber, pour que les traitements auxquels on l'a soumis pour l'isoler de la pectine et des autres matières qui l'accompagnent dans les bois aient pu lui enlever, surtout sans avoir altéré sa forme organique première, les produits minéraux qui peuvent entrer dans sa constitution intime.

Mais si le ligneux ne nous paraît pas renfermer dans sa trame des produits minéraux, il n'en est pas de même de la pectine. Celle-ci, dans son état normal, en renferme, comme nous l'avons vu le plus souvent, de 8 à 10 p. 0/0, quelquefois de 12 à 14; et, pour qu'on reste bien persuadé que ces divers oxides métalliques ou ces divers sels l'accompagnent toujours dans les végétaux, et qu'elle ne les a point déposés des liqueurs dont on l'a précipitée, nous croyons devoir rapporter en quelques mots un essai que nous avons eu occasion de répéter souvent. La racine de gentiane, très divisée et privée de toutes les parties que peuvent lui enlever l'eau distillée froide, l'eau bouillante, et l'acide acétique étendu, a été traitée par un des dissolvants de la pectine, par l'acide chlorhydrique étendu de beaucoup d'eau distillée. Après une digestion d'une heure à la température de 50° à 60°, la liqueur décantée et précipitée par l'alcool, etc., a donné une pectine qui renfermait encore 8 p. 0/0 de cendres. Si l'oxide de fer, la silice et la chaux, qui entrent dans la composition de ces cendres, n'ont point obéi à la force dissolvante de l'acide chlorhydrique, c'est évidemment parce qu'ils étaient retenus dans la pectine par une force plus grande inhérente à cette matière.

La pectine jouit donc, dans la plante elle-même, nous ne dirons pas d'une force d'affinité, mais d'une force d'absorption bien évidente pour les matières minérales. En la voyant se dissoudre dans l'eau distillée à la façon des mucilages, on ne dirait pas qu'elle entraîne en dissolution des produits souvent fort insolubles, tels que le peroxide de fer, la silice, divers phosphates, etc.; et, chose remarquable, en dissolvant ainsi ces divers produits, qu'elle met en circulation dans les végétaux, elle en dissimule complétement les propriétés. Ainsi une dissolution de pectine des racines, telle qu'on l'obtient après une première précipitation par l'alcool, n'accuse point de fer aux réactifs, même après avoir légèrement acidulé la liqueur, bien qu'elle en renferme des quantités notables.

D'après l'ensemble des faits qui précèdent, et quand on se rappelle que la pectine a été retirée de toute espèce de tissus, et qu'on a établi qu'elle forme presque à elle seule l'endocarpe de certains fruits, tels que ceux de la groseille, du raisin, etc. (1), on doit reconnaître que cette matière forme un tissu qui, sous divers états d'agrégation, accompagne toujours le ligneux, tissu qui, sous l'influence de quelques dissolvants, peut reprendre son état primordial, c'est-à-dire être ramené à l'état d'une matière poreuse et légère, ayant un aspect membraneux qui se gonfle et se dissout à la facon des mucilages, qui réduit à froid les sels ferriques, qui se contracte et se prend en gelée par l'alcool, qui peut en un mot reprendre toutes les propriétés de la pectine. Et lorsqu'on reconnaît que la pectine n'est en quelque sorte qu'un tissu délayé ou distendu, ne peut-on admettre sans trop se hasarder, et si on veut se faire une idée simple d'une partie des phénomènes de la végétation, que cette matière visqueuse qui constitue la sève descendante, que le *cambium* de quelques naturalistes, n'est autre chose, à part quelques produits qui varient d'une plante à l'autre, qu'une dissolution de pectine qui, en se coagulant, vient former un premier tissu qui plus tard, sans changer de nature en perdant les matières minérales qui l'accompagnent, et sans doute aussi par

(1) Comptes-rendus de l'Académie, 1840.

l'effet de quelque action vitale, passe à l'état de squelette végétal ou de ligneux?

Comme nous nous étions seulement proposé, au début des recherches qui ont fait l'objet de ce mémoire, d'isoler avec soin et de soumettre à l'analyse les divers produits qui nous paraissent principalement former le tissu des végétaux aux diverses périodes de son développement, sans entrer en rien dans les diverses métamorphoses qu'ils peuvent subir, il ne devrait plus nous rester qu'à formuler nos conclusions; mais nous sentons la nécessité de prévenir certaines objections qu'on ne manquera pas de nous adresser, lorsqu'on verra que dans l'étude de ces produits, nous avons négligé l'examen de ce caractère, de cette propriété essentielle de toute matière chimique, dont l'appréciation vient si heureusement contrôler le plus souvent la plupart des essais analytiques, lorsqu'on verra, en un mot, que nous n'avons pas essayé de déterminer l'équivalent de la pectine et du ligneux.

Quoique notre but ne soit point de nous poser ici en réformateurs, nous croyons cependant devoir répondre à ces objections et ne pas craindre d'émettre à cet égard toute notre pensée. Pour être concis, nous dirons tout de suite que nous ne pensons pas qu'il existe ou qu'il puisse exister une seule donnée d'expérience, une seule considération théorique, qui autorise à admettre l'équivalent chimique des produits dont il est ici question.

Examinons brièvement les divers essais qui ont été tentés dans ce sens par les chimistes.

M. Regnault, le premier, a cherché à déterminer la capacité de saturation de la pectine, ou plutôt de l'acide pectique, ce qui est pour nous absolument la même chose, et il eut bientôt remarqué qu'il n'y a rien de constant dans les quantités d'oxide que cette matière peut précipiter, et qu'on ne peut déduire de produits ainsi obtenus aucune formule chimique.

« Il est très difficile, et probablement impossible, dit cet habile » expérimentateur, d'obtenir des pectates à un état de saturation » déterminé; tous les efforts que j'ai tentés dans ce but ont été in- » fructueux. » Cette difficulté tient à l'impossibilité d'obtenir à volonté un pectate soluble à proportions définies.

M. Mulder, après M. Regnault, a cru pouvoir déduire une formule de l'analyse d'un précipité plombique, obtenu en précipitant par l'acétate de plomb une dissolution de pectine ou d'acide pectique dans la potasse. Mais lorsqu'on connaît l'impossibilité qu'il y a d'obtenir un pectate alcalin stable, comme nous aurons occasion de le démontrer, et comme l'a d'ailleurs si bien vu M. Regnault, on peut, ce nous semble, conclure *à priori*, que la quantité d'oxide de plomb précipitée par M. Mulder était plutôt proportionnelle à l'alcali qu'il a dû ajouter, *à peu près* pour dissoudre l'acide pectique ou la pectine, qu'à la pectine elle-même.

Peu de temps après, M. Frémy publia un travail volumineux sur la pectine et l'acide pectique (1), etc. Dans ce travail, l'auteur, après avoir établi que cette matière était susceptible de saturer des quantités de bases d'autant plus grandes qu'elle était plus longtemps restée en contact avec l'eau, à la température de l'ébullition, a cherché à déduire de ce fait même plusieurs formules qui, d'après lui, expriment son équivalent et ses métamorphoses. Mais, nous devons l'avouer, nous ne saurions accorder une grande valeur, ni donner le nom de proportions définies à des nombres obtenus en précipitant par un sel métallique, un produit d'une capacité de saturation aussi éphémère qu'il l'indique lui-même; alors, surtout comme cela a eu lieu dans quelques cas, qu'on a été obligé de le soumettre à la température de l'ébullition pour pouvoir l'isoler des tissus qui l'accompagnent.

Et, en admettant que, dans la précipitation des deux quantités de pectine, dont l'une était à l'état normal ou telle que M. Frémy l'obtient, et l'autre aurait bouilli un temps donné, le hasard ait favorisé ce chimiste, et l'ait amené à précipiter celle-ci au moment où elle était susceptible d'entraîner une quantité de base exactement multiple de celle qui a été précipitée par la première, il était, ce nous semble, peu autorisé à déduire de là les formules qu'il en a déduites; car, si, au lieu de faire bouillir la pectine une heure, comme il l'a fait, il eût seulement entretenu l'ébullition pendant vingt-cinq, quarante cinq ou soixante-quinze minutes, par exemple, l'acétate de plomb lui eût donné, dans ces divers cas, des précipités tout aussi homogènes et tout aussi faciles à caractériser que ceux qu'il a analysés, et qui lui auraient évidemment indiqué à l'analyse des quantités d'oxides toujours différentes; de telle sorte qu'en opérant ainsi, les proportions définies pourraient se multiplier singulièrement.

Ce que nous venons de dire, à l'égard du travail de M. Frémy, nous pourrions le répéter à l'égard du travail plus récent de M. Chodnew; mais, pour éviter de trop longs développements, nous nous bornerons à signaler un fait d'observation de ce chimiste,

(1) Journal de pharmacie, mai 1840.

qui en dira beaucoup plus que tout ce que nous pourrions ajouter. Il résulte du travail de M. Chodnew, que les quantités d'oxide d'argent et d'oxide de plomb, susceptibles d'être précipitées par un même poids de pectine, ne sont pas entre elles comme les équivalents de ces oxides ou comme un multiple de ces nombres, c'est-à-dire que l'équivalent de cette matière varie selon l'oxide qui a servi à sa détermination.

Enfin, pour terminer ce qui nous reste à dire sur l'impossibilité qu'il y a de pouvoir déterminer l'équivalent chimique de la pectine, nous décrirons en quelques mots les divers essais que nous avions tentés nous-mêmes dans ce sens, il y a déjà longtemps ; non que nous ayons jamais eu l'idée d'assimiler les pectates aux sels ordinaires; mais nous avions pensé que, de même que le tissu que le teinturier plonge dans son bain de teinture appauvrit celui-ci d'une quantité de matière tinctoriale toujours à peu près la même (toutes choses égales d'ailleurs), de même aussi la pectine pourrait, dans des états physiogiques semblables, enlever à une dissolution métallique la même quantité d'oxide. Nous avions pensé, en outre, que pour bien constater et limiter en même temps cette propriété, au lieu de précipiter la pectine par des sels de plomb ou d'argent, et de soumettre à l'analyse des précipités dont l'homogénéité ne nous a jamais paru bien établie, il valait peut-être mieux dissoudre la pectine dans un excès de potasse bien pure, et traiter la dissolution par l'alcool. Il est bien évident que si, malgré l'action dissolvante de l'alcool sur l'alcali, la pectine entraîne toujours une certaine quantité de ce dernier, il faudra reconnaître l'existence d'une certaine espèce d'affinité pour les bases, affinité qui d'ailleurs n'a jamais été mise en doute, et si, malgré les nombreux lavages à l'alcool, auxquels on soumet les précipités obtenus de cette manière, cette quantité reste la même, il faudra reconnaître encore qu'il y a dans ce phénomène quelque chose de constant, qui le rapproche un peu des résultats d'analyses quantitatives des sels ordinaires.

Mais l'expérience est loin d'avoir confirmé ces dernières prévisions. Il résulte, au contraire, de nos essais, que la quantité de potasse entraînée ainsi par la pectine peut varier, selon la densité des liqueurs alcalines employées, selon les températures auxquelles les dissolutions de pectine ont été exposées, et selon les lavages à l'alcool, plus ou moins nombreux, qu'on a fait subir aux précipités obtenus de cette manière.

Quant au ligneux, malgré la résistance qu'il présente à l'action de tous les dissolvants, malgré son état d'organisation des plus évidents, on n'en a pas moins cherché à déterminer sa capacité de saturation. M. Payen, il est vrai, s'était borné à représenter sa composition par la formule de l'amidon; mais M. Blondeau de Carolles a voulu la déterminer par l'expérience. Il a cherché à la déduire de l'analyse du sel de plomb que peut former l'acide *végétosulfurique* de M. Braconnot; mais M. Blondeau fait remarquer que la quantité de ligneux qui entre ainsi en combinaison peut varier selon la durée du contact de l'acide sulfurique sur ce produit, ce qui fait qu'on ne saurait accorder la moindre valeur à la formule qu'il a déduite de ces analyses; car, dans ces déterminations, il ne faut jamais perdre de vue que les équivalents représentent des quantités invariables, qui peuvent se substituer dans une combinaison, et non des quantités qui varient à l'infini, selon le temps plus ou moins long qu'on met à les combiner.

Ainsi, comme on doit le remarquer, il a suffi en quelque sorte de citer les divers essais tentés jusqu'à ce jour pour fixer l'équivalent des matières qui nous occupent, pour montrer tout ce qu'il y a d'artificiel et d'illusoire dans ces déterminations. Au reste, en réfléchissant à la nature de ces produits, il était peut-être permis de prévoir d'avance l'impossibilité dans laquelle on devait se trouver à cet égard.

Le ligneux, la pectine et plusieurs autres corps analogues, tels que la fibrine, l'albumine, etc., appartiennent au groupe des corps organisés. Les divers produits qui constituent ce groupe s'écartent tellement par tous leurs caractères et toutes leurs propriétés de tous les autres corps de la nature, qu'il est difficile, lorsqu'on les a vus un peu de près, de ne pas admettre, *à priori*, qu'ils n'obéissent plus à toutes les lois qui régissent les corps minéraux ou organiques, et que dans leur étude, ils ne peuvent être soumis aux règles de ces derniers. Les produits minéraux et organiques (1) sont caractérisés principalement par une composition et des propriétés invariables dans des limites assez étendues de température, par la manière nette et franche dont s'effectuent toutes leurs réactions et toutes leurs combinaisons, par la constance et la fixité de ces dernières; enfin, ils se caractérisent surtout par la forme cristalline, qu'ils peuvent toujours affecter, si ce n'est par eux-mêmes, du moins par quelques unes de leurs combinaisons.

(1) Nous n'avons pas besoin de rappeler ici ce que les chimistes entendent par produit *organique* et produit *organisé*, ni de signaler les différences que l'on indique en appelant l'acide tartrique, par exemple, un produit organique, et l'albumine un produit organisé.

Rien de tout cela ne s'observe dans les produits organisés. La forme régulière, qui semble leur être essentiellement antipathique, est remplacée par des formes toujours arrondies, celluleuses ou fibreuses; leurs propriétés physiques peuvent le plus souvent varier sous la plus légère influence ; et, lorsqu'on veut les faire entrer en combinaison, on ne remarque rien de net ni de tranché, on ne voit se produire aucun des effets qui accompagnent ordinairement ces sortes de phénomènes ; enfin les produits qui résultent de ces combinaisons n'ont aucun caractère des sels proprements dits. On ne constate, en un mot, dans toutes les réactions auxquelles on soumet les produits organisés, qu'une altération plus ou moins profonde de la trame végétale, qu'un acheminement plus ou moins rapide du produit organisé vers le produit organique.

Ces différences fondamentales nous portent donc à reconnaître que, si la forme cristalline bien arrêtée des corps inorganiques ou organiques, leurs propriétés, etc., font pressentir d'avance la loi des proportions définies ; la forme et les propriétés tout à fait différentes des produits organisés doivent faire penser, au contraire, que ces corps n'obéissent plus à cette grande loi de la nature ; et, nous l'avouerons en terminant, tous les travaux qui ont pour but de fixer l'équivalent chimique de ces matières, produisent sur nous l'effet que produiraient les savantes démonstrations d'un géomètre qui voudrait prouver que les feuilles d'un arbre, les pétales arrondies d'une fleur sont autant de polyèdres réguliers.

www.ingramcontent.com/pod-product-compliance
Ingram Content Group UK Ltd.
Pitfield, Milton Keynes, MK11 3LW, UK
UKHW020225180726
13838UKWH00005B/2203

9 782329 306469